U0105974

新雅·知識館

真有其事？

探究11個世界未解之謎

蘇珊·馬蒂諾 / 著

維姬·巴克 / 繪

新雅文化事業有限公司
www.sunya.com.hk

案件檔案

偵查神秘事件時要注意的事

很多人都喜歡探究神秘有趣的事情。這本書記錄的多個千年不解奇聞，一直都讓人着迷不已。雖然很多人也曾嘗試尋找這些奧秘背後的真相，但始終未能解開疑團。

翻開這本書，先閱讀這些令人嘖嘖稱奇的故事；然後再細閱「案件檔案」，看看是否能找到更多線索和證據，助你發掘真相。說不定，你就是那個解開謎團的人呢！

調查神秘事件

嘗試抱着開放和客觀的心態，動動腦筋，仔細閱讀本書的神秘事件。在研究這些有趣的個案時，我們很容易沉醉在幻想中，忘記要客觀分辨事實。然而，調查的重要目的就是要搜羅更多有力的證據，幫助我們追尋真相。

「客觀」是指根據事實下定論，不受情緒，甚至是恐懼的影響。

證人

訪問一些親身經歷過這些不尋常事件的人，記錄他們述説的故事，並加以整理。

調查地點

你千萬不要單獨前往那些發生過神秘事件的地方。在出發到調查地點前，記得要先得到大人的同意。

調查裝備

隨身攜帶筆和筆記簿，你便可以在需要時做筆記和繪畫圖表。

證據

整理你搜集到的資料和發現，把你的調查結果和家人、朋友分享，他們肯定會為之驚歎。

神秘字詞

此書最後附有神秘字詞總表。

進一步調查

部分「案件檔案」會建議你作進一步調查，這個任務就交給你了！

偽科學

不解的

駭人的大腳怪之謎

　　1967年，牧場工人羅傑·帕特森和鮑伯·吉姆林騎馬橫過加州的布拉夫河時，赫然發現一隻好像人猿的巨型生物蹲在河邊。二人走向牠時，這隻渾身長滿黑毛的巨型生物突然用後肢站了起來。帕特森被受驚過度的馬兒拋在地上，但他把握時機，趕緊在巨型生物隱沒在樹林前，拍下了眼前驚人的景象。

　　其實，帕特森並非首個發現這人猿般的巨型生物的人。在北美洲的森林裏，也曾有人目擊類似的巨獸出沒。牠的傳聞令人毛骨悚然，連那些時常穿梭森林的人，都感到非常害怕。

　　這長得像人猿的巨型生物，人們稱牠為大腳怪（Bigfoot），又或是北美野人（Sasquatch）。「Sasquatch」一詞來自印第安部族，意思是「巨足野人」。每個部族對大腳怪都有不同稱號。

　　十九世紀流傳着不少大腳怪的奇聞。有獵人聲稱在森林裏，看見大量奇怪的巨型腳印，這些腳印竟然跟人類的頗為相似。此外，有人目擊森林中出現龐然巨物。目擊者形容牠們長滿黑毛，頭部細小，沒有脖子，卻有寬廣的肩膀和長長的手臂。

【神秘字詞】

神秘生物學
Cryptozoology

專門研究未知或傳說中的動物，這些動物有可能是不存在的。

有居住在偏遠山區的村民憶述，曾有某種可怕生物潛伏在屋外。牠會發出古怪刺耳的咆哮聲，跟一般動物的叫聲完全不同，也是他們從未聽過的。而且，牠身上還散發着令人難以忍受的惡臭！不過，最讓人不寒而慄的是那些大腳怪羣起襲擊，或是綁架人類的恐怖傳言！

至今，仍然有人報稱看到大腳怪。不少居住在美國北部或加拿大的人，都大膽說出自己遇上大腳怪的經歷。無論在森林裏，抑或在偏遠的山路上，甚至在人們的後花園，原來都曾出現大腳怪的蹤跡！到底，這些目擊者是否誤以為其他生物是大腳怪，還是，他們全都在撒謊呢？大腳怪又是什麼？牠的存在，至今仍是個不解之謎！

翻頁看看後面的**案件檔案**吧！

案件檔案——大腳怪

現有的證據……

布拉夫河的錄像

此片由羅傑・帕特森於1967年拍下。片段中的巨型生物回頭望向帕特森，然後快步走進樹林。

🦶 會否只是有人穿着黑猩猩戲服假扮大腳怪？

🦶 迪士尼電影公司指出，在那個年代，人們要模仿大腳怪的外形和動作是非常困難的事情，而且還需要花費大量金錢。

照片

大腳怪的照片數量甚多，但大部分都非常模糊。因為這些照片都是驚魂未定的目擊者在慌亂中拍下來的。

沒有人見過大腳怪的屍體或是骸骨！

巨大的腳印

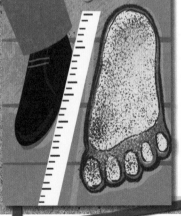

人們多次發現大腳怪的足跡，更用石膏把部分腳印做成模型。

🦶 腳印很容易被偽造出來，有人承認曾用木頭做成腳掌，偽造出大量腳印。

🦶 然而，有些大腳怪的腳印十分清晰，連皮膚的紋理也能看到，難以由人們仿製。

證人供詞

目擊大腳怪的事情流傳已久，當中會否有些是事實呢？

高速公路維修工人威廉・羅伊（1955年）：
「大腳怪給我的第一印象是牠非常巨大，約有2米高，肩闊約1米。從頭至腳被棕黑色，且有銀點的長毛覆蓋着。」

當時正在狩獵的14歲男孩（1990年）：
「我不能完全確定當天看到什麼，但我知道那不是熊或人類。」

大腳怪奇聞通過網絡和報紙傳遍世界各地。可是，會否有人貪圖一時的名氣，捏造目擊大腳怪的事實？

大腳怪模擬圖

高度：
1.8-3 米（6-10 呎）

肩闊：
91 厘米（3 呎）

毛髮：
黑色或棕紅色，長滿全身
（除了眼睛和嘴巴四周）

頭部：
以圓錐形，耳朵在頭部兩側

腳長：
30-55 厘米（1-1.8 呎）

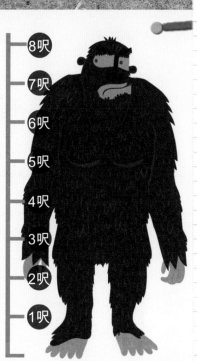

8呎
7呎
6呎
5呎
4呎
3呎
2呎
1呎

假設大腳怪是人類的同類，牠會否就是原始人與我們之間，在進化過程中出現的生物？

假設大腳怪是熊，但熊一般不會只用後肢行走；還有，熊耳是長在頭上的。

主要推測

大腳怪根本是虛構的！

大腳怪是其中一種大猩猩——巨猿的近親或後裔，但巨猿在十萬年前已絕種了。

出沒地點

主要在加拿大和美國西北部的茂密森林，那裏可以為各種神秘生物提供藏身之所。

阿爾馬斯人
（Alma）
蒙古或俄羅斯

雪人
（Yeti）
喜馬拉雅山

野人
中國

印尼神秘小腳怪
（Orang Pendek）
蘇門答臘

幽威
（Yowie / Big Fellah）
澳洲

進一步調查
其他有可能存在的猿人或野人。

在樹林中露營！
（如果你敢的話）

穿越古代的歷險

1901年一個炎熱的八月天，來自英國的夏洛特‧莫伯利和艾莉諾‧喬丹來到法國的凡爾賽宮參觀。她們到了小特里亞農宮附近的一個庭園散步觀光。

走着走着，夏洛特和艾莉諾迷路了。她們看見兩個身穿奇怪制服的男人，還發現庭園裏所有人都穿着古代的服裝！那裏的氣氛沉重壓抑，極不尋常……

這時候，夏洛特看到樹林中，有一位身穿漂亮裙子的女士正在畫素描。當夏洛特和艾莉諾走出庭園後，她們感到非常驚訝。原來，當日除了她們二人外，沒有任何人看到穿着古裝的人，又或是那個在樹下繪畫的女士。

夏洛特和艾莉諾開始懷疑，那天目睹的一切都是來自古代的。為了查明真相，她們再次回到小特里亞農宮庭園。這次，她們看到很多新奇的細節，可是卻怎樣也找不到上次經過的一道小橋。

後來，夏洛特和艾莉諾決定把自己這段奇妙的經歷寫成書出版。她們認為，當天看到的是十八世紀末的皇宮以及宮殿庭園。那個在樹下畫素描的女士，必定是1793年被送上斷頭台處決的法國皇后——瑪麗·安東妮（Marie Antoinette）。

有其他人也聲稱曾在凡爾賽宮的庭園看見奇怪的事情，而且同樣感受到一種沉重憂鬱的氣氛。此外，還有更多人報稱看見一位在樹下畫素描的女士，和在那裏目擊一些穿着十八世紀服裝的人。

以上種種，會否只是人們的幻想，抑或他們真的穿越了時空，回到古代？

【神秘字詞】

幻影
Apparition
怪異地突然出現的人或事。

翻頁看看後面的**案件檔案**吧！

案件檔案——凡爾賽宮

現有的證據……

夏洛特·莫伯利

艾莉諾·喬丹

事發地點

十八世紀時，小特里亞農宮和那裏的庭園是法國皇后瑪麗·安東妮經常流連的地方。

庭園裏滿是蜿蜒曲折的小徑、古怪的建築物、神秘的小空地，令人很容易迷失方向。

證 據

沒有相關照片或錄像，只有夏洛特和艾莉諾這兩位證人的供詞。

證人供詞

《歷險》（*An Adventure*）一書是關於夏洛特和艾莉諾穿越時空的奇妙之旅。此書由二人用筆名於 1911 年出版，這時距離她們遊覽凡爾賽宮的旅程已有十年了。

1958 年，研究員伊·藍伯特表示，二人所描述的小特里亞農宮，確實有可能就是它在 1770 年時的模樣。

小特里亞農宮

證人可信度

夏洛特是牛津大學一所學院的院長，她的朋友艾莉諾也是一名校長。她們似乎都是誠實可靠的證人，但我們需要同時考慮以下幾點：

- 在凡爾賽宮旅程前，她們會否已看過十八世紀的小特里亞農宮和那些庭園的圖片？

- 二人為何等了十年才出版《歷險》一書？

- 為何她們要用筆名出版，不使用真實的名字呢？

夏洛特和艾莉諾經歷了時光倒流，她們回到了過去。時光倒流也許都會出現在發生過重要歷史事件的地方？

那些穿着古裝的人會否在參加化裝舞會？抑或有人正在模擬歷史場景？據說，當日身穿奇怪制服的兩名男子，他們的穿着跟保護瑪麗皇后的瑞士近衛隊一模一樣。人們要模仿古人的衣着打扮，真能做到如此準確和真實嗎？

主要推測

像小特里亞農宮庭園那樣充滿神秘色彩的地方，很容易讓人幻想不可思議的事情。你越是把故事描述得細緻入微，便越會相信事情真的發生過。

進一步調查

你可以跟朋友分享一個有趣的故事，一星期後再讓他複述你所說的內容，看看兩個故事是否相同。

神秘的不明飛行物體

1947年，飛機師肯尼士‧阿諾德在飛越美國華盛頓州瑞尼爾山脈時，驚見一艘弧形飛船正以超高速飛行。

阿諾德形容，當時飛船就如一隻小碟子飛快滑過水面一樣。因此，在報道是次神秘事件時，報章用了「飛碟」一詞來形容那艘飛船。自此以後，人們普遍也把不明飛行物體（Unidentified Flying Object，簡稱UFO）稱作「飛碟」。

到了上世紀七十年代，有更多人報稱發現不明飛行物體，它們大部分都是在英國或歐洲的上空出現。據說，曾有不少人目擊一艘巨大的三角形飛船，在天邊緩慢而寧靜地飛過。可是這些來歷不明的飛行物體，怎樣看也不似是人類的飛船！

另外，英國威爾斯的蘭德里洛，在1974年曾發生過一次大爆炸，隆隆巨響把當地居民嚇個半死。有居民憶述，那天晚上他們曾看到一道強光閃過夜空。而且事發後不久，軍隊已迅速抵達現場。人們由此推測，當晚有飛碟意外墜落山上，引起可怕的巨爆。那些趕赴現場的軍隊，有可能是要秘密運走飛船上的外星人！

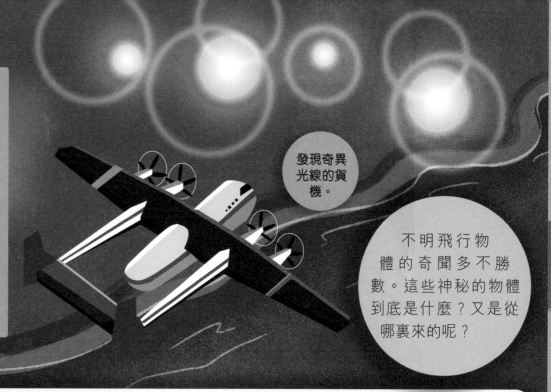

1978年，新西蘭凱庫拉海岸出現了一些奇異光線。多個目擊者報警時指出，他們在飛機上看到有強烈光線投射到海面。而當時的航空交通管制員無法辨識它們為任何已知的飛行物。

發現奇異光線的貨機。

不明飛行物體的奇聞多不勝數。這些神秘的物體到底是什麼？又是從哪裏來的呢？

無法解釋的詭異光線

赫斯達倫之光

上世紀八十年代，挪威偏遠地區的上空出現了詭異的黃色光團。它形如子彈，且有紅色光點。研究人員曾嘗試向光團發射激光光線，神秘光團竟發出閃光，似是作出回應。

海上怪光

好幾個世紀以來，持續有水手看到海上怪光。他們報稱在波斯灣和印度洋發現像旋渦般的光紋。光紋是在水中的，但有時候又會升上水面。

火焰戰鬥機

上世紀四十年代，第二次世界大戰期間，兩名戰鬥機機師曾在空中發現多個神秘光球，又看到光球接近戰鬥機，或是與他們並排飛行。當時人們稱這些不明飛行物體為「火焰戰鬥機」。

翻頁看看後面的 **案件檔案** 吧！

案件檔案——不明飛行物體
現有的證據……

數以千計來自世界各地的目擊者都是證人。

重要證人

飛機師肯尼士·阿諾德是首個形容不明飛行物體像「一隻飛行的碟子」的人。他也成為第一個私下調查不明飛行物體的研究員,曾多次訪問有關的目擊者。

聯邦調查局探員訪問阿諾德後表示:「我個人認為,阿諾德確實看見了他所描述的一切。」

時 間

肯尼士·阿諾德在 1947 年的那次是現代首個看到不明飛行物體的記錄。不過,早在人類探索太空開始,就有不少目擊不明飛行物體的報告。說不定,太空飛船的形象早已印在人們的腦海裏。

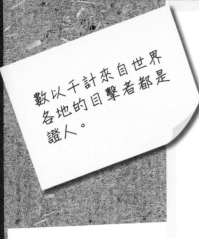

證 據

已搜集到大量不明飛行物體的照片和錄像。但這些證據很容易被偽造出來,例如在特定的角度拍攝,已經可以令正常事物看起來怪怪的。

新西蘭凱庫拉不明飛行物體的錄像由一名記者在貨機上拍下來,在片段中你能聽見其他目擊乘客恐懼的聲音。

描 述

不明飛行物體有各種不同形狀和形態。自從阿諾德形容不明飛行物體像「飛碟」後,很多目擊者都表示自己看到的不明飛行物體是碟形的。

【神秘字詞】

幽浮學
Ufology

專門研究不明飛行物體的一門學問。

不明飛行物體有可能只是飛機、氣象氣球、衛星，或是由光線引起的幻覺。

阿諾德看到的是飛機座位艙玻璃罩的反光，也可能是導彈、陣雪、飛過的雀鳥。但他不認同這些假設。

三角形飛船會是隱形戰機或試驗飛機嗎？官方一直沒有對此作出任何回應或解釋。

直至目前為止，有超過二十多個理論試圖解釋凱庫拉海岸出現的奇異光線。然而，不明飛行物體從哪裏來？它的目的是什麼？這仍是個不解之謎。

威爾斯蘭德里洛巨爆事件會否是由地震引起的？那些強光可能來自當晚外出狩獵的獵人？不過，軍隊又為何要迅速趕到現場，並警告居民遠離事發地點？

主要推測

陰謀論

很多幽浮獵人（UFO Hunter）均認為各地政府刻意隱瞞不明飛行物體和外星生物的相關消息。

案件檔案──天空中的異光

斯達倫之光

人猜測，赫斯達倫山谷中的石頭含某種特殊物質會產生強光。可是，什麼強光像是會回應人類發出的閃信號呢？

海上怪光

海上的怪光，可能是由大量海洋生物的鱗光造成的。然而，那些呈旋渦狀的光紋又如何解釋呢？它會是在水中的外星飛船嗎？

火焰戰鬥機

神秘光球會是某種秘密武器嗎？但光球並沒有攻擊戰鬥機。

古老的外太空訪客

幾千年前，會不會曾有外星生物到訪過地球呢？他們又會否曾經跟人類分享過科學知識和外星技術？

那些神秘訪客被稱為古代外星人。有人相信他們來到這藍色星球時，曾在某些地方留下了足跡和外星物件。1968年，艾利希·馮·丹尼肯在《眾神的戰車》（*Chariots of the Gods?*）一書裏，正正提出了這個驚人的想法。

納斯卡線

南美洲的秘魯沙漠上，有數以百計的巨型圖案，有的像動物，有的像人類。不但如此，圖案上的直線可以長達幾百米。面積如此龐大，似乎得在高空俯瞰才能看見圖案的全貌。丹尼肯估計，這些圖案有可能就是外星飛船的跑道或降落點。

斐斯托斯圓盤

神秘的圓盤刻滿了奇怪符號，以螺旋式排列。圓盤是在希臘克里特島的斐斯托斯被發現的。有考古學家認為，它很可能是幾千年前米諾斯文明時期的古文物。時至今天，依然沒有人能完全解讀圓盤上的符號，更有人猜測，那些符號其實是外星語言！

胡夫金字塔

　　胡夫金字塔是埃及最大的金字塔，也是世界七大奇跡之一。科學家推測，它是法老胡夫（又名基奧普斯）的陵墓。金字塔由二百萬塊石灰岩磚建成，磚塊與磚塊之間，以極精確的方法堆砌組合起來。當中的隙縫，連刀子也無法插入。古人欠缺先進科技，如何能夠興建這座猶如奇跡一般的建築物呢？

巨石陣

　　由多塊大石圍成的巨石陣，悄然屹立在英國南部索爾茲伯里的平原上。古時候，輪子還沒有研發，人們要移動那些巨石，甚至要把它們堆放在適當位置上，是非常艱巨的事情。巨石陣會是古代外星人幫助我們建造的太陽系模型嗎？

翻頁看看後面的 **案件檔案** 吧！

案件檔案——古代外星人

現有的證據……

巨石陣

地點：英國

年齡：超過 4,500 年

簡介：由巨石圍成的圓圈。部分巨石來自 250 公里外的威爾斯。每塊巨石重約 2 至 5 公噸。

斐斯托斯圓盤

地點：希臘克里特島

年齡：約 4,000 年

簡介：用黏土做成的圓盤，直徑約 16 厘米，前後印有螺旋形排列的神秘符號。部分符號仍未能被解讀。

這有可能是巨石陣本來的模樣。

納斯卡線

地點：秘魯

年齡：超過 2,000 年

簡介：圖案超過 300 多個，由直線及抽象形狀構成。當中也包括動物圖案，例如蜘蛛、雀鳥、猴子。

胡夫金字塔

地點：埃及

年齡：約 4,500 年

簡介：世界上最大的金字塔，高 146 米。由 230 萬塊磚塊建成，每塊重兩噸。

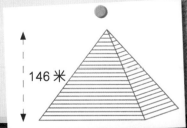

146 米

石陣會否是外星人的某項建築工程？也許是用來觀星的天文建築？

或

考古學家在巨石陣發現到一些石造工具。這些簡單工具是否足以幫助史前人類建成令人驚歎的巨石陣？巨石陣會否是一所廟宇，讓人聚集在那裏觀察太陽運行？

斐斯托斯圓盤會是外星人的電腦硬碟嗎？米諾斯文明是高度先進的文明，當地人所得的知識和技術，有可能是來自外太空的訪客嗎？

但是

外星人為何會使用黏土做的圓盤？這可不是什麼高科技啊。有考古學家推測，圓盤上的神秘符號是米諾斯人的禱文。

納斯卡線出現的地方，會是外星人的降落地點嗎？

或

納斯卡線可能是當地人的宗教場所，甚至是星宿圖，由納斯卡人在公元前 200 年至公元 500 年期間製造出來。

證人供詞

迄今已有不少關於外星人到訪地球的著作出版。其中最暢銷的一本是艾利希・馮・丹尼肯所著的《眾神的戰車》，此書令古代外星人這個想法更廣泛被流傳。

艾利希・馮・丹尼肯於 1935 年出生。他不是科學家或歷史學家，而是一名酒店經理。

記錄在書上的事情不一定都是真實的！

古埃及人是否得到外星人的幫忙，才能成功建造驚人的巨大金字塔？

或

他們擁有足夠的技術、工具、人手來興建金字塔嗎？

重構歷史

考古學家曾進行實驗，成功用古時已有的簡單工具移動巨石。

【神秘字詞】

偽科學
Pseudoscience

不是基於科學方式而定下的理論。「Pseudo」在希臘語中解作錯誤的。

受詛咒之物

物件真的會受到詛咒嗎？輪船、寶石、汽車也會為我們帶來不幸？

鬼船

大東方號於1858年下水時，是當時世界上最大的輪船。它的設計者伊桑巴德·金德姆·布魯內爾是一名英國工程師。可是，這艘輪船似乎從一開始就注定會遭遇不幸。

大東方號施工時，兩名工人無故失蹤。輪船下水時又發生意外，令一名工人喪生，當時布魯內爾也患了重病。然而，不幸事件並未結束，另一場嚴重意外又發生了。輪船上的蒸汽管爆裂，導致六名工人死亡。接二連三的噩耗令布魯內爾受到極大打擊，不久他也離開了人世。

大東方號在建成後的第十五年被拆卸。駭人的是，工人竟然發現了兩副密封在船殼內的骷髏骨。

厄運之鑽

美國華盛頓的史密森尼博物院裏，收藏着一顆極神秘的寶石，人們稱它為希望鑽石（Hope Diamond）。這個名字來自鑽石的其中一位主人霍普（Hope）。

據說，希望鑽石本來是一個神像的眼球，十七世紀被人從印度一所廟宇偷去後，它便開始給主人帶來不幸。當中，還包括在1793年法國革命被處決的瑪麗·安東妮皇后。

其他受害人包括被謀殺的俄羅斯王子，瘋的法國珠寶商，還有殺死自己妻子的土耳其蘇王，連富有的美國麥克林家族在擁有這顆鑽石也遭遇悲劇。直至珠寶商哈里·溫斯頓買下了鑽石，並於1958年將該鑽石捐獻給了史密森尼博物院的國立自然博物館，希望鑽石的詛咒才停下來。

受詛咒的汽車

　　占士甸是荷里活一名年輕演員。1955年9月30日，他駕着自己的銀色保時捷跑車撞向另一輛汽車後傷重身亡，當時的他只有24歲。

　　原來占士甸的朋友曾經告訴他那是一輛不祥汽車。他其中一位朋友阿力·肯尼士，甚至在意外發生前數日就已警告他絕不能碰那輛保時捷，否則他將會在一星期內身亡。

　　不幸的是，意外發生後那輛汽車似乎帶來了更多麻煩。它先是撞向一輛貨車的尾部，壓斷一名技工的腳；後來它的零件被回收重用，也令那些車輛全都遭遇嚴重意外；連存放它底盤的車房也發生嚴重火災。

詛咒

【神秘字詞】

超自然
Supernatural

即超越自然的意思，用以形容無法解釋的現象或力量。

翻頁看看後面的 **案件檔案** 吧！

案件檔案——詛咒

大東方號

受害人資料

- 數名工人和大東方號設計師布魯內爾死亡。
- 兩名工人失蹤，直至輪船被拆卸後才有人發現他們的骸骨。

輪船資料

- 是當時最大的蒸汽船。
- 長約213米，闊約25米。
- 此船需要花費大量金錢建造，有關公司在輪船施工時遭遇破產。

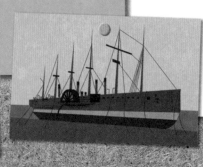

推測

> 布魯內爾工作過勞，令他身患重病。

> 失蹤工人當時未被尋回，因此他們的死成為大東方號的詛咒。

> 大型船隻的工程非常艱巨，難免發生意外。

希望鑽石

鑽石資料

- 印度藍鑽石，約有一顆核桃那麼大。
- 曾先後被21位主人所擁有。
- 在特定光線照射下，會發出血紅的光芒。

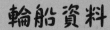

紫外光能令此類鑽石發出紅光。

受害人資料

瘋掉

死亡

謀殺犯罪

被殺

遭逢意外

有人平安無事

推測

占士甸的保時捷

汽車資料
- 一輛銀色保時捷550 Spyder。
- 原本是設計用作參賽的跑車。

受害人資料
- 占士甸撞車身亡。
- 同車的一名乘客倖存，卻在幾年後的一次交通意外中死亡。

那是一輛不祥的保時捷，在占士甸發生意外後，仍然帶來連串超自然的不幸事件。

推測

占士甸嚴重超速。事發當日，有警員曾給他開過超速罰單。

保時捷的零件已受損毀，根本不應再回收重用。

意外後種種怪異事件只是出於巧合。

印度廟宇的祭司在鑽石被盜後詛咒該物。

受害人的遭遇與鑽石無關。一顆鑽石不可能引發法國大革命，也無能力把法國皇后送上斷頭台。

報紙或書刊把事件誇大了，甚至連麥克林家族的艾弗琳·麥克林在擁有此鑽石時，也喜歡大肆宣揚自己正戴着被詛咒的鑽石。

自我應驗預言

有理論指出若人們相信某件事情將會發生時，這個想法會影響他們的行為，而行為影響事情結果，最後事情有可能會按照人們的想法實現。

幫助人類的鬼魂

幽靈水手

　　關於人類遇到危難時得到鬼魂幫助的奇妙故事實在多不勝數。十九世紀著名航海家約書亞‧史洛坎，在獨自一人航海環遊世界時，便曾經歷過一件不可思議的事情。

　　史洛坎於1895年渡過北大西洋時遇到巨大風暴。令情況更糟的是，當時史洛坎的胃部劇痛非常。可憐的他痛得快要昏暈過去，但仍然掙扎着回到甲板，希望能控制快被風浪打沉的小船。當他走到船艙口時，發現船隻竟然已穩定下來。讓他無比驚訝的是，他看到一個身穿十五世紀衣服的男子正在掌舵。

　　眼前這個陌生男子，自稱是1492年哥倫布首次前往美洲時乘坐的帆船——平塔號的舵手！那男子更向史洛坎保證他會負責駕駛小船，讓史洛坎安心睡覺休息。最後，史洛坎安然無恙，並把自己遇險的經歷一一說出來。

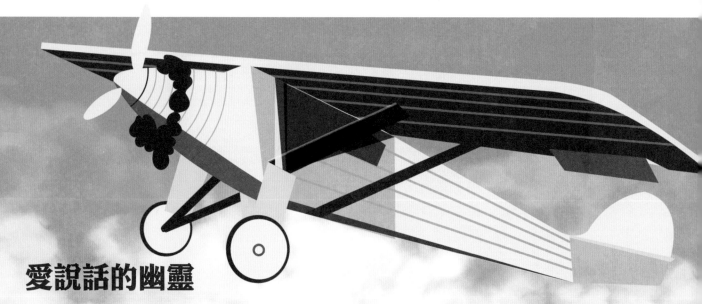

愛說話的幽靈

　　1927年5月，美國飛行員查爾斯‧林德伯格成為了首位成功獨自駕駛飛機由紐約直飛到巴黎的人，整個旅程歷時33小時。這次旅程其中一個最大的挑戰是林德伯格必須長時間保持清醒。他在憶述這次難忘的經歷時，曾提及在飛機上有幽靈跟他聊天，而且還指導他該如何飛行。

隱形的同伴

1916年，三位南極探險家歐內斯特‧沙克爾頓爵士、法蘭克‧沃斯利、湯姆‧克林的探險船在浮冰中損壞了，隨行的遠征隊被迫滯留在南極洲附近的南喬治亞島上。三人需要盡快翻越冰山，前往島嶼另一邊的捕鯨站求救。

當時環境極度惡劣險峻，但三人卻感覺到有第四個同伴無聲地與他們同行。然而，各人只把這種感覺放在心裏，沒有說出來。事後，他們三人都承認當時感覺到有一個隱形同伴，幫助他們在險境中繼續前行。

幽秘的外太空

傑瑞‧林恩格是1997年美國太空總署的太空人，他曾在俄羅斯和平號太空站上工作五個月。執行任務期間，太空站曾發生多次嚴重事故，例如火災，又或是差點兒跟補給飛船相撞。在遭遇危險時，傑瑞說他感覺到已過身的父親就在他身邊安慰他，告訴他會平安渡過難關。

翻頁看看後面的 **案件檔案** 吧！

案件檔案——鬼魂

現有的證據……

證人

他們都是勇敢、愛冒險、實踐能力強，而且常會挑戰極限的人；並不像是那種會預料自己遇上靈異事件的人。

地 點

飛機內，處於高海拔位置

太空

極端環境

大西洋

南極洲

全都發生在生死攸關的情況下

證人供詞

部分證人把他們那些超自然的經歷寫成了書出版。

歐內斯特·沙克爾頓撰寫的《南極》（*South*）一書提到：「在漫長又痛苦的 36 小時旅程中，我們越過南喬治亞島上未知的山脈和冰川。對我來說，這不是三個人的旅程，而是四個『人』。」

《孤帆獨航繞地球》（*Sailing Alone Around the World*）的作者約書亞·史洛坎在書中記述：「……當時我在船艙口的梯級，驚訝地看到一個高大的男子站在船舵那裏。」

主要推測

遇到困難時,我們會在腦海中虛構一個人來幫助我們解決問題。這是人體的**求生機制**,有時亦稱為**第三人症候羣**(*Third Man Syndrome*)。(雖然在沙克爾頓的事件中,出現的是第四個人!)

神經科學家(專門研究大腦的科學家)曾進行實驗,嘗試刺激人們腦部的不同部分,看看他們會否感覺到有不存在的人在幫助自己。

這樣說,是否代表我們的大腦在我們有危險或壓力下會啟動一種自我保護意識?雖然我們聽到或感覺到其他人存在,但其實那只是我們腦海中的想像。

當人類有危險或麻煩時,鬼魂的幫助反而能讓人感到安心。

史洛坎會否因為身體不適,導致精神錯亂而出現錯覺?

林德伯格當時因為感到極度疲憊,所以出現幻聽?

【神秘字詞】

幽靈
Spectre
鬼魂的別稱。

深海怪物奇聞

自航海時代開始後，那些會在海浪中突然冒出的海怪或海蛇的傳說就一直流傳至今。直到今天，我們對於這些潛伏在水深之處的怪物，有沒有進一步的認識呢？

1848年，英國皇家代達羅斯號在南大西洋航行時，船長彼得‧馬庫海和六名船員目擊一隻巨大的生物在船邊游過。

這隻神秘怪物約長18米，露出水面的頭像蛇一樣。牠的身體是棕黑色的，喉部為黃白色，背部似是長着一排粗糙蓬鬆的毛髮。

目擊者所畫的巴西海蛇。

1905年，英國皇家動物學會的兩名成員，在巴西海岸對出看到奇怪的生物出沒。他們看見生物的巨鰭或是背部的褶邊伸出水面，前面是牠的頭和頸項，也看到牠巨大的身體隱約在水中游動。

美國舊金山灣也疑似有怪物住在水中。1985年2月5日，比爾和包伯·克拉克兩兄弟目擊一條長18米，像大蛇一樣的怪物正追逐着海豹。牠身體上下擺動，在水面形成一個個拱形。克拉克兄弟還看到海怪有黃色的腹部和扇形的鰭。

傳說中的挪威海怪

挪威海怪克拉肯是一隻令人懼怕的深海怪物，牠出現在不少古老神話和傳說中。究竟在現實世界裏，克拉肯會否真的存在？

1941年3月，一羣英國水手在南大西洋一艘救生船上被水母和鯊魚攻擊。更糟的是，有一隻超級巨大的生物從海洋深處出現，並用強而有力的觸鬚捲起其中一人，把他拖進水中。

這隻海怪，或是傳說中的克拉肯，會是一種巨型章魚嗎？雖然我們現在知道的並不多，但這些海怪的確是存在的！牠們巨型的觸鬚上有吸盤和鈎爪，就像是那種會把人類當成晚餐的章魚！

海怪

翻頁看看後面的 **案件檔案** 吧！

案件檔案——海怪

現有的證據……

出沒地點

世界各地的海洋。

證人

幾百年以來有數以百計的證人。

水手　　科學家　　漁民

他們有可能全都在撒謊或虛構海怪故事嗎？

證人馬庫海的供詞

「牠沒有鰭，但背部有一束像馬鬃毛或海草的東西擺動着。」

這個故事在報章刊登時，人們都認為那不過是隻象海豹。但馬庫海說他絕對清楚大海豹和那隻神秘生物的差別。

錄像

那是海蛇身體做出的拱形，還是停在水面上的雀鳥而已？

比爾說：「我不在乎人們是否相信我，因為我清楚知道自己看到了什麼。」

克拉克兄弟的證據

海蛇模擬圖

• 身體像蛇一樣，長長的。

• 身體游動時做成一個個拱形。

• 身體會拱起，上下游動，不像蛇的身體向兩邊爬行。

• 褶邊狀的鰭與馬鬃毛相似。

• 深色的身體，淺色的腹部。

牠看起來不像神話中的克拉肯會傷害人類！

人們誤以為鯨魚、鰻魚、海豹、鯊魚或皇帶魚是海蛇。巨型皇帶魚可以長達11米。

皇帶魚

海蛇有可能是遠古流傳下來的生物，或許是活在海洋中的恐龍。

我們對海洋生物的認識只是冰山一角，說不定真的有像海蛇一樣的珍禽異獸。

主要推測

人們一直以為史前動物深海腔棘魚已經絕種，在1938年卻有一條腔棘魚被漁民從深海中拉上來。

尼斯湖水怪的表親？

名的尼斯湖水怪據説潛伏在蘇格蘭深不口的尼斯湖中。有多個目擊者曾看到牠兒，還拍下了照片。有人認為牠是蛇頸亦即恐龍的一種；也有人覺得那些照是所謂的目擊證人只是個騙局。

己斯湖水怪有可能是唯一一種潛伏湖泊中的怪物！

魔克拉姆邊貝

居住在非洲剛果的沼澤地。外形像恐龍，還能在陸地上行走。

塞爾瑪湖怪

在在挪威的賽爾尤爾湖。牠有名長長的身體，呈拱形的背部。是聲納探測器探測到此生物可有18米長。

奧哥波哥水怪

居住在加拿大奧卡納貢湖。1974年，一隻巨型生物如波浪般上下移動時，無意中撞到一名泳客。

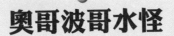

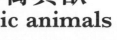

【神秘字詞】

珍禽異獸
Exotic animals
指珍奇的飛禽，罕見的走獸。

海怪

人體自燃

　　居住在美國賓夕凡尼亞州的約翰·歐文·班特萊是一名退休醫生，人們最後看到活生生的他是在1966年12月4日。在之後的早上，煤氣公司的員工唐·戈斯內爾來到這位老人家的家——因為班特萊醫生年紀老邁，行動不便，職員都有他家的鎖匙，方便例行查錶。

　　當戈斯內爾一如以往逕自走進地下室時，卻驚訝地發現裏面有一堆灰燼。他既震驚又不安，立刻跑到二樓尋找班特萊醫生，卻看到四周瀰漫着一層淺藍色的煙霧，還嗅到一股讓人不適的甜味。

　　他跑到洗手間裏，驚見班特萊醫生整個人差不多已被火燒成灰燼，只剩下一隻還穿着便鞋的右腳。地上也燒了一個大破洞，位置正是地下室那堆灰燼的上方。班特萊醫生的步行輔助器橫跌在這個大破洞上。令人惶惑不解的是：洗手間的其他地方完全沒有遭到火焰的破壞。

可憐的戈斯內爾嚇得 奔到屋外，大喊：「 特萊醫生被燒死了！

數百年來，人體無端起火的事件仍有發生，這種難以解釋的現象稱為人體自燃（Spontaneous Human Combustion）。大多數受害人的身體在自行起火後都會被燃燒殆盡，最後留下一堆帶黏性的灰燼。然而，四周環境卻不會遭到嚴重破壞。

1725年，法國漢斯一個名叫妮可·米勒的女子懷疑因人體自燃被燒死，她當時坐着的椅子卻完全沒有火燒的痕跡。米勒的丈夫因而被控謀殺，幸好有一位醫生認為案件非比尋常，最後成功向法庭證明妮可·米勒是人體自燃的受害者，讓米勒的丈夫得以洗脫罪名。

1731年，一位年紀老邁的意大利伯爵夫人死於突如其來的火災。火災遺下的只有班迪伯爵夫人的雙腳和三根手指，但她所在的房間卻沒有任何破損。這件離奇的案件引起了十九世紀英國作家查爾斯·狄更斯的好奇，這使他在小說《荒涼山莊》（Bleak House）裏，也加入了有關人體自燃的情節。

人體自燃現象非常罕見，近期的個案要追溯至2010年，一名愛爾蘭老翁在非常離奇的情況下死亡，調查人員把這案件歸類為人體自燃個案。

自燃

翻頁看看後面的 **案件檔案** 吧！

案件檔案——人體自燃

現有的證據……

關鍵詞

人體自燃

人體因不明所以的原因起火，火焰似是由體內點燃。

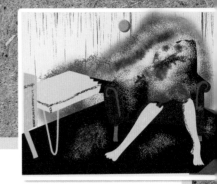

線索

🔥 照片都是受害人被烈火燒成灰燼的畫面。除了手或腳外，沒有遺下其他身體部位。

🔥 房間四周，包括家具，通常不會受到嚴重破壞。

🔥 在班特萊醫生事件中，他躺臥的地板燒了一個大破洞，灰燼掉在地下室，變成整齊的一堆。火焰也沒有蔓延至其他地方。

🔥 在其他個案裏，黏性灰燼都是在家具上被發現的。

證人

通常沒有證人目擊自燃過程，受害人都是獨自在關上門的房間裏。因此調查人員不曉得當時的狀況，亦無從得知火焰是如何點燃的。

受害人

大部分人體自燃的受害人都是老人。

班特萊醫生事件：班特萊醫生是吸煙的，但事發時他的煙斗卻在睡房裏。假設點燃的煙灰意外跌在他身上，然後他想到洗手間用水弄熄火頭，卻不小心跌倒昏去，結果火焰蔓延將他燒死，這樣有可能嗎？

燈芯效應：受害人因重病或醉酒失去知覺，但他們當時非常接近火源，例如是煙頭或是其他火頭。這時，人體就如蠟燭一樣，體內的脂肪被緩慢而高溫的熱力燃燒起來，這便解釋了為何個案中殘留的灰燼會滿是油脂。煤氣公司職員唐·戈斯內爾形容事發現場時說過：「屋內有一種甜味，像是剛啟動一個用油發熱的中央暖氣系統。」

主要推測

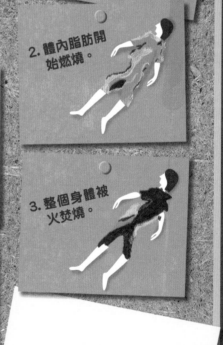

1. 失去意識的受害人。

2. 體內脂肪開始燃燒。

3. 整個身體被火焚燒。

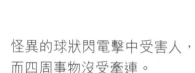

怪異的球狀閃電擊中受害人，而四周事物沒受牽連。

人體內出現原因不明的電流，由此產生火焰。

科學一定有辦法解釋起火原因，可惜受害人身體被嚴重焚燒，無法查明真相。

令人不解的是，烈火為何沒有蔓延至房間其他地方？

【神秘字詞】

焚化
Incineration
事物被燒成灰燼。

驚人的超能力

赤腳渡火

希臘北部和保加利亞南部在每年五月都有一個特別節日，人們慶祝時會赤腳走過一層燃燒着的木頭。

這是世界各地眾多宗教儀式的其中一種，人們走過這些燒着的木頭或煤後，他們的腳或身體依然能絲毫無損。

印度教的蹈火節也包括了走火坑的儀式。而印尼峇里島上的男孩女孩則會跳一種神秘可怕的桑揚舞（Sanghyang），他們會繞着火起舞還會走過火堆。

折彎湯匙

上世紀八十年代，一個名叫尤里·蓋勒的男子，因為看似能毫不費力地折彎湯匙或其他金屬物件而聲名遠播。當觀眾們看到他輕撫湯匙，然後湯匙的勺柄位置便慢慢折彎，都感到十分驚訝。

不過，不少人聲稱他們能用念力做到類似的超自然效果。

【神秘字詞】

占卜
Divination
是以超自然力量或術數運算方法來推測未來或探究事物的神秘活動。

尋找水源

「尋水術」這種占卜法流傳了數千年，人們不但會運用它來尋找水源，還會用以尋找其他地下金屬、石油，甚至是失蹤的人。

搜索者會使用特殊工具，通常是一種像Y形或L形，稱為尋龍尺或占卜棒的木棒。開始時，他們雙手會各執木棒的一端，然後在搜索範圍四周行走，直至木棒下垂抽動。搜索者越接近目標時，木棒便會抽動得越厲害。

預知未來

人們聲稱憑着第六感能預知未來，而且他們通常是在夢裏得知將來的事情。我們稱這種超能力為超感官知覺（Extrasensory Perception）。

美國已故總統亞伯拉罕·林肯曾在夢裏看到自己死亡。幾天之後，亦即1865年4月14日，他便在劇院被刺客槍傷，翌日逝世。

另外，在1912年鐵達尼號船難後，不少人表示自己預知郵輪將遭遇災難，甚至有部分乘客因此在最後一刻拒絕登船。

翻頁看看後面的 **案件檔案** 吧！

超能力

案件檔案——超能力

現有的證據……

赤腳渡火

推測

- 人們能走在火上或是高溫的煤和木頭上，是因為他們心裏認為自己不會感受到痛楚。

- 因腳底本身不易傳熱，故此當人們快速移動時，腳部不會很容易被燒傷。

- 高溫的煤或木頭上有一層灰燼，有助減少傳至腳部的熱力。

若用手指快速揑住蠟燭上的火焰令它熄滅，手指也不會被燒傷的。

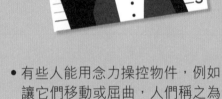

不要在家裏嘗試，也千萬不可玩火或蠟燭！

折彎湯匙

推測

- 有些人能用念力操控物件，例如讓它們移動或屈曲，人們稱之為意念移物（Psychokinesis）。

- 這是魔術師巧妙的戲法讓人產生的錯覺。

若你揑着湯匙柄的最前面，前後快速晃動，湯匙看起來便會像屈曲了一樣。網上有短片示範如何做到這些把戲。

尋找水源

推測

- 搜索者用魔法讓尋龍尺或占卜棒抽動。

- 搜索者使用特殊力度，令肌肉抖動，尋龍尺也隨之抽動。

- 搜索者從環境中找到線索，幫助他們探測哪些地方最有可能存在他們要尋找的事物。

棍卜術是尋水術的別稱。

預知未來

推測

- 有人認為超感官知覺是一種能預知未來的超能力，但科學家無從證實這種能力是否真的存在。

- 林肯總統和世上不少重要人物一樣，都知道自己有可能會遭到刺殺。

- 鐵達尼號是當時最大的郵輪，人們理所當然會質疑它是否安全。

鐵達尼號沉沒了！
逾千人死亡

林肯總統被刺殺
1809-1865

【神秘字詞】

預感
Premonition

一種強烈的感覺，認為某些事情將會發生，多為不幸的事。

心理玄學
Parapsychology

專門研究科學也無法解釋的心靈能力。

心靈偵探

接觸感應（Psychometry）是指通過觸摸人或物件，從而得知與之相關的事情或資訊。接觸感應師說他們通過觸摸失蹤者的物件，可以知道失蹤者的遭遇。

撲朔迷離的麥田圈

麥田上的圖案

2001年，英國威爾特郡牛奶山上的麥田在一夜之間出現了不可思議的圖案。整個圖案橫跨長度達266米，共有409個大小不一的圓形，奇妙地以螺旋狀排列着。究竟是誰或是什麼做成這些圖案？為何它們會在那裏？

這些設計神秘的麥田圈曾出現在世界各地的田野上。匪夷所思的是，圖案上的麥稈並沒有被折斷，而是像被人小心翼翼地壓平，造成不同形狀和圖案。而且，麥田圈出現的季節都是麥稈成長的時期。

雖然世上很多國家都出現過麥田圈，但是大部分都是在英國威爾特郡發現的。此外，也曾有人在巨石陣附近發現過麥田圈。

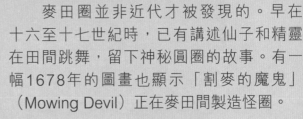

麥田圈並非近代才被發現的。早在十六至十七世紀時，已有講述仙子和精靈在田間跳舞，留下神秘圓圈的故事。有一幅1678年的圖畫也顯示「割麥的魔鬼」（Mowing Devil）正在麥田間製造怪圈。

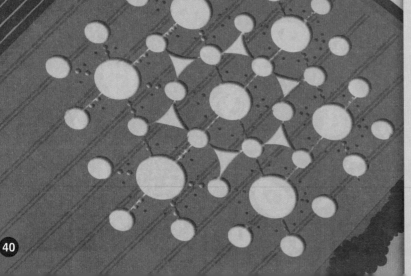

冰上怪圈

　　曾有人在北美洲、歐洲北部、俄羅斯看到結冰的河流或湖泊上出現怪圈。而部分地方因冰層太薄，人們根本無法站在上面製造任何圖案。

　　其實水流是可以在冰上造成圓形圖案的，可是，為何有些圖案會出現在靜止的水面上呢？

　　1880年7月，科學雜誌《自然》（Nature）刊登了一封科學家的信，內容是關於他在英國南部的田野，發現了數個由被壓平了的小麥組成的圓形圖案，他認為這是由氣旋風造成的。

　　上世紀九十年代開始，麥田圈圖案越來越精細複雜，其中還包括了大型的、錯綜複雜的幾何圖案。麥田圈的創造者定必精於數學，因為這些圖案都必須經過非常精確的設計才能做出來。

【神秘字詞】

現象
Phenomenon

指事物的本質在各方面的外部表現。

翻頁看看後面的 **案件檔案** 吧！

麥田圈

案件檔案——麥田圈

現有的證據……

描 述

多為呈螺旋狀的圖形，或是更複雜的設計，例如是三角形或是凹凸互補的連鎖圖形。

麥田圈的直徑平均約長 60 至 90 米。但在牛奶山上的圖案面積則更大。

時 間

麥田圈都是在晚上做出來的。

地 點

麥田圈出現在世界各地，但主要在英國南部的威爾特郡。

照片證據

現存大量麥田圈照片。但除了那些偽造麥田圈圖案的人，沒有目擊者能在麥田圈被製造時把過程拍攝下來。

麥田圈的出現全部是惡作劇或騙局。

主要嫌疑者

1991年9月，兩名英國男子道格・鮑爾和戴維・柯利表示，所有在英國的麥田圈都是他們做出來的，他們的工具只有一塊木板、一球繩子，以及繫在棒球帽上的線目鏡！他們承認自己是被澳洲一個農夫發現麥田圈的故事所啟發的。

這些圓形圖案錯綜複雜，難以在夜間、黑暗中準確完成。而且，世上麥田圈數量不少，難以斷言全是因惡作劇而做出來的。

主要推測

有人認為，麥田圈是出現在地形能量線，亦即是地脈之上。他們相信，地脈在地底下把古代遺址，例如巨石陣和埃及金字塔等聯繫起來。

它們是外星飛船的降落地點，或是外太空生物給我們的信息。

麥田圈由怪異的天氣形成。小旋風有可能在麥田上造成圓圈圖案，但它們可以做到如此精密複雜的設計嗎？

不明飛行物體的嫌疑

1974年9月，加拿大薩斯喀徹溫省有農夫報稱看到五個灰色的穹頂小物體徘徊在他的麥田上。當它們升上天空時，一陣霧氣把麥稈壓平，形成呈旋渦狀的怪圈。然而，麥田的其他地方卻沒受影響。此外，也有人聲稱在發現麥田圈前，聽到麥田上有奇怪的嗡嗡聲，甚至有怪異的光線出現。

麥田怪圈學（Cereology）是專門研究麥田圈的學問。

進一步調查

- 如果有機會，你也許可以在得到農夫的准許下，調查他們田上的麥田圈。

- 冰圈和麥田圈的成因是否有近似之處？

麥田圈

離奇失蹤的燈塔看守員

1900年12月，蘇格蘭一個偏遠的島嶼上剛建成了一座新燈塔。沒有人想到，一件至今仍未破解的謎案就在這座燈塔發生。

在12月15日晚上，一艘美國商船經過蘇格蘭夫蘭南羣島之中最大的島嶼艾雷島。船長察覺到燈塔並沒有亮起指示燈，他立即報告這個情況，可是由12月17日開始，持續惡劣的天氣令有關單位無法派出船隻作調查。直到12月26日，助理燈塔看守員若瑟・摩爾才坐上金星號向艾雷島駛去。

當金星號快要到達艾雷島時，它發出的船哨聲並未得到燈塔的回應，也沒有人走出登陸平台向他們打招呼，摩爾只好登岸調查。他走到燈塔叩門，卻沒人回應，但這個時候本應有三位燈塔看守員在當值的！摩爾當即感到非常不安，他打開沒有上鎖的門，走進燈塔。燈塔裏一個人也沒有，時鐘停止了，睡牀凌亂沒有整理，但廚房乾淨整齊，而且電燈都能正常運作。

摩爾環視四周，發現其中一套油布雨衣掛在走廊，其餘兩套卻消失不見了。到底，三個燈塔看守員到了哪裏去呢？

金星號船員在島上四處搜索，他們發現其中一個登陸平台受到嚴重破壞。平台上，一個本應裝着繩子的盒子消失不見了，只留下一大堆凌亂的繩子。

另外，他們發現有一塊巨石從懸崖掉下，下面的起重機卻絲毫無損。這架起重機本是用來卸載船隻的。

12月29日，英國北部燈塔局的警司羅伯特‧穆爾漢親自來到艾雷島調查。他看到燈塔日誌的記錄後感到很奇怪。

12月12日的日誌寫道，島嶼被可怖的暴風吹襲。奇怪的是，日誌也提到其中一個看守員唐納德‧麥克阿瑟哭了起來。

12月13日的日誌寫道，天氣仍然極度惡劣，三人為此禱告。這部分是非常詭異的，因為惡劣的天氣應該是在12月17日才開始。

最後一篇日誌寫於12月15日的早上，日誌寫道：

「風暴停止，海面平靜，上帝主宰一切。」

究竟寫完這篇日誌之後，三人遭遇了什麼事呢？

翻頁看看後面的 **案件檔案** 吧！

失蹤

案件檔案——夫蘭南羣島失蹤事件

現有的證據……

事發地點

夫蘭南羣島由七個高低不平的小海島組成，在蘇格蘭路易斯的赫布里底羣島海岸對出的位置。

事件發生的時序

12 月 15 日：有船隻經過燈塔，報告燈塔的指示燈沒有亮起。

12 月 17 至 25 日：惡劣天氣下，無人能到燈塔調查。

12 月 26 日：金星號到達，三名燈塔看守員不知所蹤。

12 月 29 日：警司羅伯特·穆爾漢到場調查，看到日誌上奇怪的記錄。

那時候還沒有無線電或電話與外界聯繫。

受害人

詹士·杜特凱
看守長

湯瑪士·馬歇爾
助理看守員

唐納德·麥克阿瑟
臨時看守員

主要推測

其中兩名看守員正在修理被風暴破壞的地方。另一名看守員看到巨浪將至，急忙衝出去提醒二人，結果三人都被巨浪吞沒。

線 索

- 燈塔的門是關上的，但沒有上鎖。
- 室內除睡牀外，所有物件擺放整齊，電燈正常可用。
- 其中一套油布雨衣留在室內。
- 部分登陸平台受到嚴重破壞。
- 起重機沒有受損。
- 燈塔日誌記錄了天氣狀況，還有麥克阿瑟沮喪的心情。

小心偽證據！

年復一年，這個悲慘的故事引發了人們無窮的想像。他們以此事為主題，創作了詩、歌曲，甚至歌劇。最怪異的推論還包括那三人奇幻地變成黑色的巨大海鳥！

未解開的謎題

為何燈塔的門是關上的？若發生緊急事故，第三個人應是匆忙跑出燈塔，怎會還有時間關門呢？

麥克阿瑟是個堅強的人，為何日誌上會記錄他哭起來了？

天氣在 12 月 17 日才開始轉為惡劣，但這跟日誌的記錄並不相符。

登陸平台是在 12 月 15 日之前或之後受破壞的呢？

為何岸邊沒有發現任何屍體？

進一步調查

其他離奇失蹤事件：

- 瑪麗．賽勒斯特號於 1872 年被發現在海上漂流，船上所有人員不知所蹤。
- 1915 年第一次世界大戰時，一整個英國軍營在土耳其加里波利突然消失無蹤。
- 神秘的百慕達三角是位於大西洋的一片神秘海域，曾有飛機和船隻在那裏無故失蹤。

【神秘字詞】

不解的
Inexplicable

形容事情無法被解釋。

失蹤

神秘字詞總表

神秘生物學（Cryptozoology）
專門研究未知或傳說中的動物，這些動物有可能是不存在的。

幻影（Apparition）
怪異地突然出現的人或事。

幽浮學（Ufology）
專門研究不明飛行物體的一門學問。

偽科學（Pseudoscience）
不是基於科學方式而定下的理論。
「Pseudo」在希臘語中解作錯誤的。

超自然（Supernatural）
即超越自然的意思，用以形容無法解釋的現象或力量。

幽靈（Spectre）
鬼魂的別稱。

珍禽異獸（Exotic animals）
指珍奇的飛禽，罕見的走獸。

焚化（Incineration）
事物被燒成灰燼。

占卜（Divination）
是以超自然力量或術數運算方法來推測未來或探究事物的神秘活動。

預感（Premonition）
一種強烈的感覺，認為某些事情將會發生，多為不幸的事。

心理玄學（Parapsychology）
專門研究科學也無法解釋的心靈能力。

現象（Phenomenon）
指事物的本質在各方面的外部表現。

不解的（Inexplicable）
形容事情無法被解釋。

新雅 • 知識館

真有其事？——探究 11 個世界未解之謎

作　　者：蘇珊·馬蒂諾　（Susan Martineau）
設計繪畫：維姬·巴克　（Vicky Barker）
翻　　譯：關卓欣
責任編輯：劉慧燕
美術設計：李成宇
出　　版：新雅文化事業有限公司
　　　　　香港英皇道 499 號北角工業大廈 18 樓
　　　　　電話：(852) 2138 7998
　　　　　傳真：(852) 2597 4003
　　　　　網址：http://www.sunya.com.hk
　　　　　電郵：marketing@sunya.com.hk
發　　行：香港聯合書刊物流有限公司
　　　　　香港新界大埔汀麗路 36 號中華商務印刷大廈 3 字樓
　　　　　電話：(852) 2150 2100
　　　　　傳真：(852) 2407 3062
　　　　　電郵：info@suplogistics.com.hk
印　　刷：中華商務彩色印刷有限公司
　　　　　香港新界大埔汀麗路 36 號
版　　次：二〇一七年七月初版

版權所有 • 不准翻印

ISBN: 978-962-08-6873-3
Original title: Real-Life Mysteries: Can You Explain the Unexplained?
Written by Susan Martineau
Designed and illustrated by Vicky Barker
Copyright © B Small Publishing Ltd. 2017
Traditional Chinese Edition © 2017 Sun Ya Publications (HK) Ltd.
18/F, North Point Industrial Building, 499 King's Road, Hong Kong
Published and printed in Hong Kong.